BEI GRIN MACHT SICH IHR WISSEN BEZAHLT

- Wir veröffentlichen Ihre Hausarbeit, Bachelor- und Masterarbeit

- Ihr eigenes eBook und Buch - weltweit in allen wichtigen Shops

- Verdienen Sie an jedem Verkauf

Jetzt bei www.GRIN.com hochladen und kostenlos publizieren

Bibliografische Information der Deutschen Nationalbibliothek:

Die Deutsche Bibliothek verzeichnet diese Publikation in der Deutschen Nationalbibliografie; detaillierte bibliografische Daten sind im Internet über http://dnb.d-nb.de/ abrufbar.

Dieses Werk sowie alle darin enthaltenen einzelnen Beiträge und Abbildungen sind urheberrechtlich geschützt. Jede Verwertung, die nicht ausdrücklich vom Urheberrechtsschutz zugelassen ist, bedarf der vorherigen Zustimmung des Verlages. Das gilt insbesondere für Vervielfältigungen, Bearbeitungen, Übersetzungen, Mikroverfilmungen, Auswertungen durch Datenbanken und für die Einspeicherung und Verarbeitung in elektronische Systeme. Alle Rechte, auch die des auszugsweisen Nachdrucks, der fotomechanischen Wiedergabe (einschließlich Mikrokopie) sowie der Auswertung durch Datenbanken oder ähnliche Einrichtungen, vorbehalten.

Impressum:

Copyright © 2015 GRIN Verlag, Open Publishing GmbH
Druck und Bindung: Books on Demand GmbH, Norderstedt Germany
ISBN: 978-3-668-17667-6

Dieses Buch bei GRIN:

http://www.grin.com/de/e-book/318071/wie-bauen-wir-ein-fahrzeug-so-dass-es-den-tuev-besteht-mathematik-1

Christa Lenz

Wie bauen wir ein Fahrzeug so, dass es den TÜV besteht? (Mathematik, 1./ 2. Klasse)

GRIN Verlag

GRIN - Your knowledge has value

Der GRIN Verlag publiziert seit 1998 wissenschaftliche Arbeiten von Studenten, Hochschullehrern und anderen Akademikern als eBook und gedrucktes Buch. Die Verlagswebsite www.grin.com ist die ideale Plattform zur Veröffentlichung von Hausarbeiten, Abschlussarbeiten, wissenschaftlichen Aufsätzen, Dissertationen und Fachbüchern.

Besuchen Sie uns im Internet:

http://www.grin.com/

http://www.facebook.com/grincom

http://www.twitter.com/grin_com

Zentrum für schulpraktische Lehrerausbildung Kleve

Seminar Grundschule

Schriftliche Unterrichtsplanung zum 4. Unterrichtsbesuch

im Fach Sachunterricht

Thema der Unterrichtsreihe
„Wir bauen Räderfahrzeuge"
Die SuS[1] konstruieren und bauen selbstständig rollfähige Räderfahrzeuge aus Alltagsgegenständen.

Thema der Unterrichtsstunde
„Wie bauen wir ein Fahrzeug so, dass es den TÜV besteht?"
Die SuS konstruieren und bauen Räderfahrzeuge, unter Berücksichtigung zuvor erarbeiteter Kriterien, und überprüfen ihre Rollfähigkeit auf der Teststrecke.

---

[1] Im Folgenden wird die Abkürzung SuS für Schüler und Schülerinnen verwendet.

❖ Einbettung der Stunde in die Unterrichtsreihe

Zentrale Absichten der Unterrichtsreihe

Die SuS sollen...
- die Entwicklung des Rades sowie die Bedeutung von Räderfahrzeugen für die heutige Zeit erkennen und bewerten[2].
- über das eigene Konstruieren und Herstellen von Räderfahrzeugen mit unstrukturierten Materialien lebenspraktisches, technisches Können und Wissen erwerben[3].
- grundlegende technische Funktions- und Herstellungszusammenhänge von Räderfahrzeugen verstehen[4].
- einfache technische Problemstellungen erfassen, Lösungsansätze entwerfen, realisieren und optimieren, um ein technisches Verständnis anzubahnen[5].
- durch den eigenständigen Bau einen sachgerechten Umgang mit Hilfsmitteln und Werkzeugen erlernen.
- durch den gemeinsamen Austausch beim Fahrzeugbau in Partnerarbeit ihre Sozial- und Reflexionskompetenzen erweitern.

Stunde	Thema	Zentrale Absicht
1	Was hat Räder? - Die SuS sammeln ihr Vorwissen zu Räderfahrzeugen und machen sich ikonisch und symbolisch Notizen zu ausgewählten Fahrzeugen. In einem gemeinsamen Experiment erfahren die SuS den Nutzen von Rädern für den Transport. 11.02.2015	Die SuS sollen durch den mündlichen Austausch und die eigenaktive, ikonische Auseinandersetzung mit Räderfahrzeugen erste Schritte zu einer technischen Perspektive auf ihre Umwelt vollziehen sowie die Transportfunktion von Fahrzeugen erkennen.
2	Vom Baumstamm bis zum Autoreifen / Die Entwicklung des Rades - Die SuS vollziehen das Prinzip des Transports mit Rollen nach (Pyramidenbau) und vergleichen anschließend Bilder von verschiedenen Rädern und beschreiben deren Entwicklung. 18.02. 2015	Die SuS sollen die technische Entwicklung vom Rad beschreiben können und die Bedeutung dieser Erfindung für die heutige Zeit erkennen und bewerten.
3	Aus welchen Teilen bestehen Räderfahrzeuge? - Die SuS untersuchen und vergleichen ihre mitgebrachten Fahrzeuge hinsichtlich ihrer Bestandteile und halten in einer mind map fest, welche Alltagsgegenstände für die jeweiligen Fahrzeugteile eingesetzt werden können. 23.02. 2015	Die SuS sollen, durch den Vergleich verschiedener Fahrzeuge, den Aufbau von Räderfahrzeugen erarbeiten, die Funktion der Fahrzeugteile erkennen und die Fachbegriffe „Räder", „Achse" und „Fahrgestell" richtig zuordnen können.

---

[2] vgl. GDSU S.68- 72
[3] vgl. Möller 2002, S.51
[4] vgl. ebd. S.51
[5] vgl. GDSU S.66

4	Wir planen unser Räderfahrzeug - Die SuS prüfen in Gruppenarbeit alle mitgebrachten Materialien und sortieren sie nach Bauteilen (Achse, Räder,...) in unserer Materialtheke. Zudem fertigen sie eine Sachzeichnung ihres Räderfahrzeuges mit den von ihnen benötigten Bauteilen (Materialien) an und listen diese auf.		Die SuS erfahren die Sachzeichnung als Ausdrucksmöglichkeit und Struktur ihres Bauvorhabens und treffen erste materielle Entscheidungen ihrer Planung.
5	25.02. 2015 Regeln zum Umgang mit Werkzeugen - Die SuS sichten mitgebrachte Werkstoffe und erstellen Regeln zum richtigen und sicheren Umgang mit Werkzeugen.		Die SuS lernen sich bei der Auseinandersetzung mit Technik und im Umgang mit Materialien und Werkzeugen sachgerecht und sicherheitsgemäß zu verhalten.
6	03.03. 2015 Das prüft der TÜV – Checkliste - Gemeinsam entwickeln die SuS Kriterien für den Bau eigener Räderfahrzeuge und beginnen mit den Vorarbeiten.		Erstellung eines Kriterienkataloges, um herauszufinden, welche Aspekte für den eigenen Fahrzeugbau von Bedeutung sind.
7	05.03. 2015 **Wie bauen wir ein Fahrzeug so, dass es den TÜV besteht?** - **Die SuS konstruieren und bauen Räderfahrzeuge, unter Berücksichtigung zuvor erarbeiteter Kriterien, und überprüfen diese an einer Teststrecke.**		**Die SuS lernen die technischen Funktionszusammenhänge der Bauteile für ein rollfähiges Fahrzeug kennen, indem sie einfache Räderfahrzeuge aus Alltagsgegenständen konstruieren sowie deren Rolleigenschaften in einem kriterienorientierten Rolltest überprüfen.**
8/9	09.03. 2015 Unsere Fahrzeuge müssen zum TÜV - Die SuS überprüfen anhand der TÜV- Checkliste die Rollfähigkeit ihrer Fahrzeuge und optimieren diese, mit Hilfe der erarbeiteten Tipps, wenn nötig. Zusatz für schnelle SuS: Rollweite optimieren, Gestaltung der Karosserie, Antrieb bauen		Die SuS sollen die Funktionsweise der Räderfahrzeuge kriterienorientiert überprüfen und beschreiben können, indem sie eigenständig technische Probleme auf der Teststrecke erfassen, entsprechende Ansätze für Lösungen entwerfen, realisieren und optimieren.
10	Wir fragen einen Experten - Die SuS bekommen die Chance ihre Fahrzeuge einem Fachmann vorzustellen und Erfahrungen auszutauschen und Fragen zu klären.		Die Methode der Expertenbefragungen soll den SuS die Möglichkeit geben unmittelbare lebendige Praxiserfahrung in den Unterricht miteinfließen zu lassen, erworbene Kenntnisse anzuwenden und zugleich zu erweitern.
11	Was wissen wir jetzt über Räderfahrzeuge? - Die SuS präsentieren ihre Fahrzeuge und erläutern ihren Herstellungsprozess.		Die SuS sollen ihre aufgebauten und veränderten Konzepte festigen und sich über ihren eigenen Lernzuwachs bewusst werden.

❖ Zentrale Absicht der Stunde und Lernchancen

Meine Absicht
Die SuS lernen die technischen Funktionszusammenhänge der Bauteile für ein rollfähiges Fahrzeug kennen, indem sie einfache Räderfahrzeuge aus Alltagsgegenständen konstruieren sowie deren Rolleigenschaften überprüfen, technische Problemstellungen erfassen und Lösungsansätze entwerfen.

Im Sinne meiner formulierten Absicht eröffne ich folgende Lernchancen:
Auf der Ebene der Sacherfahrungen
Die SuS haben die Chance,
- den Aufbau, die Materialien und die Funktion der einzelnen Bauteile (Räder, Achse, Fahrgestell) von Räderfahrzeugen auf ihre Rollfähigkeit zu untersuchen und folgende Funktionszusammenhänge zu entdecken:
    - die Achsen verlaufen genau durch den Mittelpunkt der Räder (sonst „eiert" das Rad)
    - die Achsen sind parallel zueinander, sowie zur Vorderkante des Fahrgestells angebracht (sonst fährt das Fahrzeug nicht geradeaus)
    - die Räder sind gleichgroß, stehen senkrecht und sind in gleicher Höhe angebracht (sonst berühren sie nicht den Boden)
    - die Räder sind nicht zu dicht am Fahrgestell angebracht (um die Reibung zwischen Fahrgestell und Rädern zu vermeiden)
    - die Achsen bzw. Räder müssen sich leicht drehen können (um ein Bremsen zu vermeiden)
- einfache technische Problemstellungen zu erfassen, Lösungsansätze zu entwerfen, zu realisieren und zu optimieren.

Auf der Ebene der Individualerfahrungen
Jede/r SchülerIn hat die Chance,
- über das eigene Konstruieren und Herstellen eine technisch-praktische Handlungsfähigkeit auszubilden sowie mit Werkzeugen sachgerecht umzugehen[6].
- zu lernen exakt zu arbeiten, da bei Ungenauigkeiten das Fahrzeug nicht den Kriterien entspricht.
- eine gewisse Frustrationstoleranz zu entwickeln, bei nicht sofortigem Gelingen des Bauvorhabens.

Auf der Ebene der Sozialerfahrungen
Die SuS haben die Chance,
- sich über gelungene Aspekte und Schwierigkeiten zum Bau der eigenen Fahrzeuge in Partnerarbeit auszutauschen und gemeinsam die Vorgehensweise zu reflektieren.
- ihre Konstruktion dem Urteil des Plenums zu stellen und Lob, sowie Entwicklungsanregungen anzunehmen.
- das Produkt eines anderen anzuerkennen und konstruktiv zu kritisieren.

---

[6] vgl. Möller 2002, S. 52

❖ Sachinformationen zur Stunde / Fachdidaktische Analyse / Analyse der Lernaufgabe

Kinder wachsen heute in einer zunehmend technisierten Welt auf, die sie immer weniger durchschauen können; stattdessen reduziert sich ihr Umgang mit Technik meist auf ein bloßes Bedienungswissen[7]. Innerhalb dieser Unterrichtsreihe möchte ich den SuS bewusste Erfahrungen mit Technik ermöglichen, damit sie einen Einblick in technische Funktionen und Zusammenhänge bekommen sowie einen aktiven, verstehenden Umgang mit Technik erlernen können[8].

In der heutigen Stunde sollen die SuS eigenaktiv ein Räderfahrzeug konstruieren und bauen sowie dieses an einer Teststrecke überprüfen. Beim Bau ihres Räderfahrzeuges sollen die SuS folgende Kriterien als Zielsetzung berücksichtigen:

- Das Fahrzeug rollt geradeaus die Teststrecke herunter.
- Das Fahrzeug fährt die Teststrecke, ohne auseinanderzufallen.
- Alle vier Räder drehen sich.
- Alle vier Räder berühren den Boden.

Die Lernaufgabe der Stunde bezieht sich auf die folgenden fachlichen Hintergründe:

Zu den wesentlichen Konstruktionsmerkmalen von einfachen rollfähigen Fahrzeugen gehören **Räder**, **Achsen** sowie ein **Fahrgestell**. Mit Rädern wird aus der Gleitreibung, also die Kraft, die auftritt, wenn sich zwei Flächen gegeneinander bewegen, eine Rollreibung, die weitaus geringer ist und somit den Transport erleichtert. Bei der Rollreibung wird von jener bremsender Kraft gesprochen, die auftritt, wenn ein Körper rollt. Je geringer diese Rollreibung ist, desto weiter kann ein Räderfahrzeug also rollen [9]. Neben der Reibung beeinflussen die Radgröße, der Radstand, die Spurbreite sowie das Fahrzeuggewicht die Fahreigenschaften. Nicht nur die Art und Beschaffenheit der Bauteile von Räderfahrzeugen (ausgewählte Alltagsmaterialien) haben einen Einfluss auf ein problemloses Rollverhalten, sondern auch die Konstruktion dieser. Dabei müssen die SuS, um die TÜV-Kriterien zu erfüllen, durch handelndes Ausprobieren und Überprüfen an der Teststrecke, die Funktionszusammenhänge der einzelne Bauteile verstehen und bei der Konstruktion beachten (s. Lernchancen Sacherfahrungen S.1). Es gibt beim Bau zwei Möglichkeiten von Achsenkonstruktionen. Die **feststehenden Achsen** sind fest mit dem Fahrgestell verbunden und die Räder drehen sich mit Lagern auf der Achse (wie bei echten Autos). Bei der **beweglichen Achse** sind die Räder fest mit der Achse verbunden (typisch für Spielzeugautos). Die Schwierigkeit dieser zweiten Konstruktion besteht darin, dass ein weiteres Bauteil (das Achsenlager, beispielsweise ein Strohhalm) benötigt wird, dessen funktionale Bedeutung bisher nicht mit den SuS herausgearbeitet wurde (die SuS bekommen hierzu Hinweise in der Tippbox).

Die SuS verfügen, zur Umsetzung der heutigen Lernaufgabe, über Kenntnisse der einzelnen Bauteile von Räderfahrzeugen und haben ihr Bauvorhaben mit Hilfe einer Sachzeichnung geplant, sowie Regeln zum Umgang mit Werkzeugen erlernt und gemeinsam TÜV-Kriterien entwickelt.

---

[7] vgl. Möller 2002, S. 51
[8] vgl. ebd., S. 51
[9] vgl. Zolg 2008, S. 12

Methodisch müssen die SuS in der Lage sein, kooperativ mit einem Partner zu arbeiten und in der Partnerreflexion, sowie im Plenum persönliche Vorstellungen zu erläutern, sowie Tipps und Anregungen anzunehmen[10].

Lernbereichsspezifisch sollen die SuS selbsttätig ein rollfähiges Fahrzeug aus Alltagsgegenständen konstruieren, d.h. ihre aufgebauten Vorstellungen im Konstruktionsprozess anwenden sowie überprüfen, und mit Hilfe gelernter Fachbegriffe und fachlicher Beschreibungen die eigenen und fremden Fahrzeuge im Hinblick auf ihre Rollfähigkeit bewerten[11].

Mit dem Bau von Räderfahrzeugen erwerben die Kinder grundlegende technische Erkenntnisse, die sie im Sinne des Spiralcurriculums, zu einem späteren Zeitpunkt auf komplexere Bereiche übertragen können.

Die vorliegende Stunde ist im Lehrplan dem Bereich „Technik und Arbeitswelt" unter dem Schwerpunkt „Maschinen und Fahrzeuge" zuzuordnen. In dieser Stunde bauen die SuS „Fahrzeuge [...] mit unstrukturiertem Material und erproben ihre Funktionsweisen"[12]. Die Kinder bekommen gemäß dem Lehrplan Raum, im Rahmen einer Problemstellung, eigene Ideen, Herangehensweisen und Konstruktionen zu finden, um elementare technische Erfahrungen durch das Probieren und Optimieren zu gewinnen[13]. Außerdem erlernen sie beim Herstellen von Fahrzeugen, mit Werkzeugen und Werkstoffen sachgerecht umzugehen[14] und einen Herstellungsvorgang zu planen, vorzubereiten und durchzuführen[15].

Das Thema Räderfahrzeuge bietet sich besonders an, da diese ein fester Bestandteil im Alltagslebens der Kindern sind (Roller, Fahrrad, Skateboard etc.). Das Vorwissen der SuS zu Räderfahrzeugen beschränkt sich jedoch weitestgehend auf den Benutzungsaspekt von Fahrzeugen und die technischen Funktionszusammenhänge wurden bisher noch nicht durchdrungen. Kinder haben eine natürliche Neugier hinter die Dinge zu schauen und Funktions- und Wirkungsweisen zu ergründen. In dieser Unterrichtsreihe soll am Vorwissen der Kinder angeknüpft und darauf aufgebaut werden, sowie das Interesse der Kinder an technischen Zusammenhängen aufgegriffen werden, „um Technik zu entdecken, nachzuvollziehen, zu gestalten, zu verstehen und zu bewerten"[16].

Dabei geht es nicht darum, dass die SuS die komplexen Zusammenhänge aller Bedingungen für ein funktionierendes Fahrzeug begreifen, sondern vielmehr um das Ermöglichen erster Einsichten in die Bedingung der Rollfähigkeit von einfachen Fahrzeugen. Die Kinder sollen erste Kenntnisse über die grundlegenden technischen Funktionszusammenhänge der Achsen, der Räder und des Fahrgestells durch einen spielerischen und selbstentdeckenden Umgang mit den Baumaterialien erlangen, um grundlegende Tipps zum Bauen formulieren zu können. Über das Bauen der Fahrzeugmodelle, können Bereiche, die über originale Begegnungen nicht zu erschließen sind, erkundet werden, um technische Vorgänge verstehbar zu machen. Zudem machen Kinder in ihren Zeichnungen und Konstruktionen von Modellen zugänglich, was sie sprachlich oft nicht formulieren können[17]. Es werden in dieser Stunde, abhängig von den SuS, individuelle Problemstellungen aufgegriffen, reflektiert

---

[10] vgl. GDSU, S. 24
[11] vgl. ebd. S.65ff
[12] LP 2008, S. 45
[13] vgl. LP 2008, S. 39
[14] vgl. LP 2008, S. 44
[15] vgl. Möller 2002, S. 52
[16] ebd., S. 51
[17] Meier 2007, S. 10

und passende Lösungsansätze entworfen sowie überprüft. Die SuS erarbeiten sich dabei schrittweise, während der gesamten Bauphase, die technischen Eigenschaften und konstruktiven Umsetzungen für ein rollfähiges Fahrzeug, indem immer wieder Teilprobleme reflektiert und Bauhinweise gesammelt werden.

Als Arbeitsmaterialien stehen von den Kindern mitgebrachte und in der Materialtheke nach Bauteilen sortierte Alltagsgegenstände zur Verfügung (z.B. Verpackungen, Holzspieße, Strohhalme, Knete, Korken, Flaschendeckel etc.). Ich habe mich bewusst gegen den Bau von Fahrzeugen mit vorstrukturierten Baukastenmaterialien entschieden, da somit schon viele konstruktive Entscheidungen vorgegeben wären[18]. Dadurch geht das handelnde Ausprobieren, Konstruieren mit anschließendem Überprüfen von technischen Zusammenhängen zum großen Teil verloren. Zugleich erlernen die SuS einen sachgerechten Umgang mit verschiedenen Werkzeugen (Hammer, Prickelnadel, Handbohrer, Kleber etc.), um ihre Räderfahrzeuge selbstständig zu erbauen.

Während der Bauphase sollen die SuS darauf achten, welche Materialien sich besonders gut eignen, um ein rollendes Fahrzeug anzufertigen. Kinder, die noch keine Ideen zur Konstruktion ihrer Fahrzeuge haben oder keine Lösungsansätze für ihr Problem finden, bekommen die Möglichkeit sich in der Tippbox Bauhinweise anzuschauen (Modelle mit unterschiedlichen Lösungen der Rad- und Achsenanbringung). SuS die schon mit dem Bau ihres Fahrzeuges fertig sind, können die Rollfähigkeit und TÜV-Kriterien an der Rampe erproben. Sollten einige Kinder wider Erwartens sehr schnell damit fertig werden, sollen diese entweder als Expertenkinder fungieren oder ihr eigenes Fahrzeug weiter ausbauen (Rollweite optimieren, Gestaltung des Fahrgestells etc.).

In der Reflexion werden die Fahrzeuge auf dem „Parkplatz" für alle sichtbar abgestellt, somit erfolgt eine Würdigung der Ergebnisse. Einzelne „fertige" Fahrzeuge werden präsentiert und anhand der Kriterien auf der Teststrecke überprüft. So können gemeinsam Überlegungen und Bauhinweise besprochen und durch Modelle veranschaulicht werden. Besonders gelungene Werke können ebenfalls hervorgehoben werden, um den SuS Gelegenheit zu geben, sich das Vorgehen und die Produkte anderer anzuschauen. Im Gegensatz zum sonstigen Unterricht, ist Abschauen und Nachmachen in diesem Fall eine wirksame Lernweise[19]. Sollte noch kein Fahrzeug fertig sein, betrachten wir die unterschiedlichen Möglichkeiten der Konstruktion, beispielsweise unterschiedlichen Achsenanbringungen oder Materialauswahl für die Räder, der noch nicht fertigen Fahrzeuge.

Da die Lerngruppe keine technischen Vorerfahrungen besitzt, sollen die SuS zunächst einfache rollende Fahrzeuge ohne Antrieb und Lenkung planen und herstellen. Um die Motivation beim Fahrzeugbau zu steigern, stelle ich den Kindern in Aussicht, in der folgenden Stunde an einem TÜV-Test teilzunehmen, um die TÜV-Kriterien zu überprüfen und bei Bestehen, eine TÜV- Plakette zu erhalten.

---

[18] vgl. Tegethoff 2002, S. 3-4
[19] Meier 2007, S. 12

❖ Erhebung der Lernvoraussetzungen für die konkrete Sachunterrichtsstunde

LERNANFORDERUNG	AKTUELLER LERNSTAND	HANDLUNGSKONSEQUENZEN
	in Bezug auf die Sache	
Die SuS wiederholen bereits erarbeitete Bauhinweise und greifen dabei auf ihre aufgebauten Konzepte und die gelernten Fachausdrücke zurück.	xxx arbeiten immer sehr interessiert in gemeinsamen Gesprächsrunden mit, können die Lerninhalte gedanklich durchdringen und ihre Vorstellungen versprachlichen. xxxdurchdringen die Sachverhalte ebenso sicher, beteiligen sich jedoch unregelmäßiger an Gesprächen. xxx folgen den Gesprächsphasen z.T. desinteressiert und beteiligen sich nur selten.	Ich gehe davon aus, dass die erst genannten Kinder das Gespräch tragen werden, indem sie ihre aufgebauten Konzepte und Vorstellungen äußern. Durch den motivierenden Stundeninhalt des Überprüfens der Fahrzeuge an der Teststrecke, versuche ich auch die weniger leistungsfreudigen Kinder für die Sache zu gewinnen. Durch die gemeinsame, visualisierte Sammlung der bauhinweise, versuche ich möglichst vielen Kinder eine Versprachlichung ihrer Vorstellungen zu ermöglichen.
Die SuS konstruieren und bauen eigene Räderfahrzeuge, erfassen einfache technische Probleme ihres Fahrzeuges auf der Teststrecke und entwerfen Lösungsstrategien.	Die meisten Kinder haben noch wenig Erfahrung mit technischen Verfahren und Inhalten gemacht. Die Lerngruppe ist jedoch sehr motiviert und mit Freude am Bauen und Konstruieren ihrer Fahrzeuge. Besonders xxxzeigen ein technisches Verständnis und kreative Bauvorhaben. Auf der Teststrecke anhand der TÜV-Kriterien die technischen Probleme zu erkennen, wird soweit allen Kindern gelingen. Die eigene Vorstellung als fehlerhaft anzuerkennen und neue Lösungsstrategien zu entwickeln, wird jedoch manchen SuS schwer fallen. Bisher hatten vor allem xxx wenig eigene Ideen und trafen eine ungeeignete Materialauswahl.	Durch die geöffnete Einzelarbeit erfahren die Kinder Unterstützung beim Bauen durch ihren Partner. Um technische Probleme zu erfassen und Funktionszusammenhänge zu verstehen ist das handelnde Ausprobieren, Konstruieren und Überprüfen dabei unerlässlich. Die SuS werden dazu angeregt ihre Fahrzeuge immer wieder an der Teststrecke zu überprüfen und neue Lösungsansätze und Ideen auszuprobieren. Die SuS, die keine eigenen Lösungsansätze finden, können sich das Vorgehen und die Produkte anderer anschauen, mit Hilfe der Tippbox zu neuen Ideen angeregt werden oder durch die Lehrperson entsprechende Impulse aufgezeigt bekommen.

	in Bezug auf Methoden und Medien	
Arbeitsmethode(n) des konkreten Lernbereichs	Die SuS gehen sachgerecht mit Werkzeugen um und beachten die Sicherheitsregeln.	Die Regeln zum Umgang mit Werkzeugen wurden mit den Kindern ausführlich erarbeitet und erprobt. xxx ist im Umgang noch unsicher. xxx handelt oft sehr vorschnell und hält sich nicht immer an die Sicherheitsregeln.	Um die Sicherheit beim Umgang mit Werkzeugen zu gewährleisten, kennen die Kinder Sicherheitsregeln und ein Erste-Hilfe-Paket befindet sich vor Ort. Treten Schwierigkeiten oder Unsicherheiten auf, werde ich den sachgerechten Gebrauch eines Werkzeuges erneut demonstrieren und gemeinsam mit dem Kind erproben. In manchen Fällen können hier auch andere Kinder als Experten tätig werden. Wenn xxx mehrmals auf die Werkzeugregeln hingewiesen werden muss, gilt die Abmachung, dass er das Werkzeug nicht weiter benutzen darf und auf die Hilfe seines Baupartners angewiesen ist.

	in Bezug auf Basiskompetenzen	
soziale Kompetenz	Die Baupartner unterstützen sich gegenseitig in der Bauphase und reflektieren anschließend über ihre Ergebnisse.	Die SuS haben bereits in der vorherigen Stunde ihrem Baupartner von mir zugeteilt bekommen. Ein Austausch während der Bauphase gelingt den meisten SuS bisher nur gering, da sie selbst sehr vertieft und beschäftigt mit den eigenen Konstruktionen sind (so kann es auch sein, dass die SuS nicht wie gewöhnlich auf das Leisezeichen reagieren und vertieft am Arbeiten sind). Die anschließende Partnerreflexion dagegen hat sehr intensiv stattgefunden. xxx möchten oftmals nicht mit dem vorgegebenen Partner zusammenarbeiten. In der letzten Stunde hat sich xxx der Partnerarbeit ganz verweigert.	In der vorliegenden Stunde werde ich erneut die Zusammenarbeit mit dem Baupartner ansprechen und Unterstützung suchende SuS darauf hinweisen. Nach der Arbeitsphase werde ich die Partnerarbeit kurz mit einer „Daumenprobe" von den SuS reflektieren lassen, um diese weiter zu vertiefen. Verweigert sich xxx erneut der Partnerarbeit mit xxx, werde ich xxx die Möglichkeit geben, sich einer anderen Gruppe anzuschließen.
personale Kompetenz	Sich im Kreisgespräch an Gesprächsregeln zu halten – andere ausreden zu lassen und ihnen zuzuhören. Die SuS üben sich darin, eine gewisse Frustrationstoleranz zu entwickeln, bei nicht sofortigem Gelingen des Bauvorhabens.	xxx haben einen großen Bewegungsdrang, sind sehr leicht ablenkbar und vernachlässigen dadurch oftmals die Gesprächsregeln. Auch xxx beschäftigen sich schnell mit anderen Dingen, wenn ihnen langweilig wird. Vor allem xxx fallen öfter durch eine geringe Frustrationstoleranz auf. Wie sie mit Problemen während der Bauphase umgehen, kann ich noch nicht richtig einschätzen.	Durch den Einsatz der Teststrecke und das Bestehen des TÜVs werden die Kinder motiviert mitzudenken und selbst zum Forscher zu werden. Halten sich dennoch Kinder nicht an die Regeln im Gesprächskreis, kann ein SuS auch auf seinen Platz verwiesen werden. Ich werde den Kindern gegenüber Verständnis für ihren Ärger zeigen, sie aber zugleich auch zu neuen Umsetzungsmöglichkeiten motivieren.
Sprache und	Eigene Vorstellungen oder Vorgehensweisen im Gesprächskreis zu äußern.	xxx sind sehr zurückhaltend und formulieren selten ganze Sätze. xxx hat einen ausgewiesenen Förderschwerpunkt im sprachlichen Bereich.	Durch das Aufgreifen von Fachbegriffen auf Plakaten werden die Kinder in ihrer sprachlichen Ausdrucksweise unterstützt.

❖ **Besondere Informationen zur Lerngruppe**

Das Leistungsniveau der EPA ist heterogen.
Die vier Kinder mit besonderem Förderbedarf erfahren derzeit Unterstützung von einer Sonderpädagogin, die sie in Mathe und Deutsch auf ihrem Niveau, durch geeignetes Material entsprechend fördert.

❖ **Darstellung des Unterrichtsverlaufes**

Methodische Entscheidungen	Begründung
Die SuS stellen den Stundenverlauf inhaltlich und methodisch vor. (im Kinokreis)	Ziel- und Verlaufstransparenz der Stunde werden gegeben.
Die SuS lesen die Stundenfrage vor. (im Kinokreis)	Die Klärung der Stundenfrage bereitet die Lernaufgabe der Stunde vor und dient als Reflexionshinweis. (erweiterte Zieltransparenz)
Anknüpfung an die vorangegangene Stunde. (im Kinokreis)	Die SuS wiederholen mündlich die vereinbarten TÜV-Kriterien und erste erarbeitete „Tipps" für den Bau eigener Räderfahrzeuge, um diese Aspekte in der heutigen Stunde wieder aufgreifen zu können.
Die Lernaufgabe wird im Plenum geklärt – der Arbeitsauftrag wird vorgelesen und auf die Arbeitsmaterialien sowie auf die Regeln zum Umgang mit Werkzeugen hingewiesen. (im Kinokreis)	Die gemeinsame Klärung der Lernaufgabe und der visuell unterstützte Arbeitsauftrag ermöglicht den SuS Arbeitstransparenz (unabhängig ihres Leistungsstandes im schriftsprachlichen und sozialen Bereich) – Rückfragen und Unsicherheiten können geklärt werden.
Die SuS konstruieren und bauen Räderfahrzeuge, unter Berücksichtigung zuvor erarbeiteter Kriterien, sowie überprüfen diese an einer Teststrecke. (geöffnete Einzelarbeit)	Die SuS bauen jeder ein eigenes Räderfahrzeug, um selbstständig Lösungsansätze für technische Probleme zu erkennen und umzusetzen, sowie auf ihrem Leistungsniveau ein eigenes Produkt herzustellen. Die SuS haben die Möglichkeit sich mit einem festgelegten „Baupartner" auszutauschen und sich gegenseitig Hilfestellung zu geben.
In der anschließenden Zwischenreflexion mit dem Partner findet ein Austausch statt über gelungene Aspekte sowie Schwierigkeiten beim Bauen. Lösungsansätze werden diskutiert und gesammelt. (Partnerarbeit)	Die Partnerarbeit ermöglicht den SuS den Austausch und die Verknüpfung verschiedener Vorstellungen und Konzepte zum Bau von Räderfahrzeugen und schult die Kinder in ihren kooperativen Fähigkeiten. Zudem werden die SuS dazu angeregt, schon vor der Reflexion im Plenum die eigene Konstruktion reflektiert zu betrachten und ihre Vorstellungen verbal zu formulieren.
Der Kinokreis wird erneut geordnet aufgebaut.	Der Kinokreis ermöglicht den SuS eine hohe Aufmerksamkeit gelöst von Arbeitsmaterialien auf ihrem Tisch und bietet einen guten Blick auf die Räderfahrzeuge sowie die Teststrecke.

Die SuS präsentieren einzelne Räderfahrzeuge dem Plenum und begeben sich auf die Teststrecke. Gemeinsam werden Begründungen für erfüllte, sowie nicht erfüllte TÜV-Kriterien gefunden und Tipps zum Optimieren der Mängel formuliert und festgehalten.	Durch die Vorstellung einzelner Räderfahrzeuge im Kinokreis können die SuS unterschiedliche Strategien in der Umsetzung der Konstruktionsaufgabe erkennen und durch den gemeinsamen Austausch an Vorstellungen ihre Konzepte zum Zusammenwirken der einzelnen Bauteile (Räder, Achsen, Fahrgestell) erweitern und vertiefen. Sie reflektieren ihre bisherigen Ergebnisse.
Die Stundenfrage wird anhand der gesammelten Tipps teilweise beantwortet sowie in der nächsten Stunde weiterhin thematisiert. Ausblick auf die kommende Stunde.	Der Ausblick auf die kommende Stunde schafft Transparenz.

❖ **Lernkomponenten**

INITIATION	ORIENTIERUNG
• Impuls: Teststrecke / TÜV-Checkliste • Stundenfrage: „Wie bauen wir ein Fahrzeug so, dass es den TÜV besteht?"	• Anknüpfung an die vorangegangenen Stunden • Ziel-, Zeit-, Verlaufstransparenz • Besprechung der Lernaufgabe • TÜV-Kriterien • Materialtheke • Regeln zum Umgang mit Werkzeugen • Reflexionsbogen für Partnerarbeit

INTEGRATION
Die SuS knüpfen an ihre individuellen Vorerfahrungen an und nutzen bereits erarbeitete Konstruktionstipps zum Bau von einfachen rollfähigen Räderfahrzeugen, um die technischen Funktionszusammenhänge der Bauteile für ein rollfähiges Fahrzeug kennen zu lernen und den anschließenden Rolltest zu bestehen.

TRANSFORMATION	REFLEXION
• Die SuS konstruieren in geöffneter Einzelarbeit ein einfaches rollfähiges Räderfahrzeug aus Alltagsgegenständen. • Fertige SuS überprüfen ihr Fahrzeug an der Teststrecke auf zuvor vereinbarte TÜV-Kriterien, erkennen technische Probleme und versuchen diese zu optimieren.	• Die SuS tauschen sich mit Hilfe eines Reflexionsbogens über ihren Fahrzeugbau mit ihrem Baupartner aus. • Die SuS versuchen gemeinsam einfache technische Probleme zu erfassen (nicht erfüllte TÜV-Kriterien) und Lösungsansätze zu entwerfen (Konstruktionstipps).

❖ **Quellennachweis**

Bartnitzky, Horst u.a.: Sachunterricht. Grundlagen, Voraussetzungen des Lernens und Lehrens. In: Kursbuch Grundschule. Grundschulverband. Frankfurt am Main 2009, S. 626-627

Gesellschaft für Didaktik des Sachunterrichts (Hrsg.): Perspektivrahmen Sachunterricht. Vollständige überar beitete und erweiterte Ausgabe. Bad Heilbrunn, 2013.

Kahlert, Joachim: Der Sachunterricht und seine Didaktik. Julius Klinkhardt. Bab Heilbrunn 2009.

Meier, Richard: Spielerisches Bauen – ein Lernziel? In: Grundschule Sachunterricht. Friedrich Verlag. 36-2007, S. 9-12

Ministerium für Schule und Weiterbildung des Landes Nordrhein-Westfalen: Richtlinien und Lehrpläne für die Grundschule in Nordrhein-Westfalen. Ritterbach Verlag. Frechen 2008.

Möller, Kornelia: Technisches Lernen in der Grundschule. In: Grundschule. 2-2002, S.51-54

Tegethoff, Kirsten: Herstellung einfacher rollfähiger Räderfahrzeuge. In: RAAbits Grundschule. Essen 2002.

Zolg, Monika: Baut ein Fahrzeug, das möglichst weit rollt! in: Beilage in Heft, Gute Aufgaben für den Sachunterricht. 1-2008, S. 12-13

Arbeitsblätter und Umsetzungsideen der Unterrichtsreihe (nicht enthalten) sind angelehnt an:

Schmidt, Evelyn: Räderfahrzeuge Projekt. Matobe Verlag. 2010

Internetquellen

http://www.uni-kassel.de/nat/sachunt/Veranstaltungen/ProWood/Fahrzeugbau.pdf
(Online im Internet am 20.02.2015, 15:00 Uhr)

BEI GRIN MACHT SICH IHR WISSEN BEZAHLT

- Wir veröffentlichen Ihre Hausarbeit, Bachelor- und Masterarbeit

- Ihr eigenes eBook und Buch - weltweit in allen wichtigen Shops

- Verdienen Sie an jedem Verkauf

Jetzt bei www.GRIN.com hochladen und kostenlos publizieren